好棒棒火柴人練習冊
跟著老師的教學影片
一起動手畫！
親身體驗
滿滿的成就感！
我的口才不太好，
希望說話能更吸引人。
雖然沒有畫畫天分，
也想像別人那樣
隨手就能畫。
會議跟簡報時，
想讓說明更簡單好懂。
寫企畫書或交涉時，
期望話語更有
說服力。
會談之類的場合，
想讓氣氛更活絡。
這些願望，
「好棒棒火柴人」
都能幫你實現！
我也能畫
!!
學員姓名：
U0065025

「我的口才不太好，希望說話可以更吸引人……」
「雖然沒有畫畫天分，也想像別人那樣隨手就能畫。」
「會談之類的場合，想讓氣氛更活絡。」
「寫企畫書或交涉時，期望話語更有說服力……」
「會議跟簡報時，想讓說明更簡單好懂。」

掃一下，
參加「火柴人繪畫課程」
〈初級篇〉

☑輕鬆對話 ☑活絡氣氛 ☑容易理解 ☑精準傳達 ☑強化印象 ☑增加好感，
這些願望，「好棒棒火柴人」都能幫你實現！

沒有口才也不怕，即使手殘也能畫，簡單組合｜、○、△、□，輕鬆畫出生動可愛的「好棒棒火柴人」。
跟著河尻老師的教學影片一起動手練習，親身體驗滿滿的成就感吧！

目次

⊙ 手冊的使用說明 01
⊙ 基本線條＆形狀 02
⊙ 火柴人的基本畫法 04
⊙ 頭身比例的練習 05
⊙ 基本表情 06
⊙ 效果線 08
⊙ 手臂畫法 10
⊙ 腿部畫法 12
⊙ 伸展姿勢 14
⊙ 彎腰姿勢 16
⊙ 走路姿勢 18
⊙ 跑步姿勢 20
⊙ 四格練習 22
⊙「3個圓圈」圖解❶ 24
⊙「3個圓圈」圖解❷ 25
⊙ 四格圖解❶ 26
⊙ 四格圖解❷ 27
⊙ 階梯圖解❶ 28
⊙ 階梯圖解❷ 29
⊙ 金字塔圖解 30
⊙ 漏斗圖解 31
⊙ 三角形圖解 32

■ 基本線條&形狀

練習

■ 火柴人的基本畫法

■ 頭身比例的練習

■ 基本表情

練習

效果線

練習

■ 手臂畫法

■ 練習

■ 腿部畫法

■ 練習

■ 伸展姿勢

■ 練習

■ 彎腰姿勢

■ 練習

■ 走路姿勢

■ 練習

■ 跑步姿勢

■ 練習

■ 四格練習

■ 練習

■「3 個圓圈」圖解❶

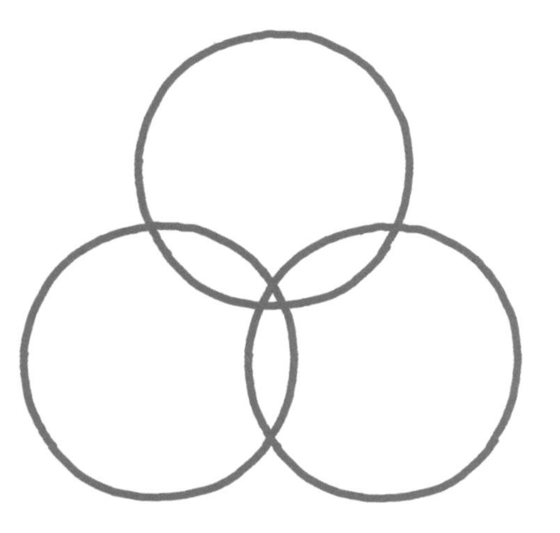

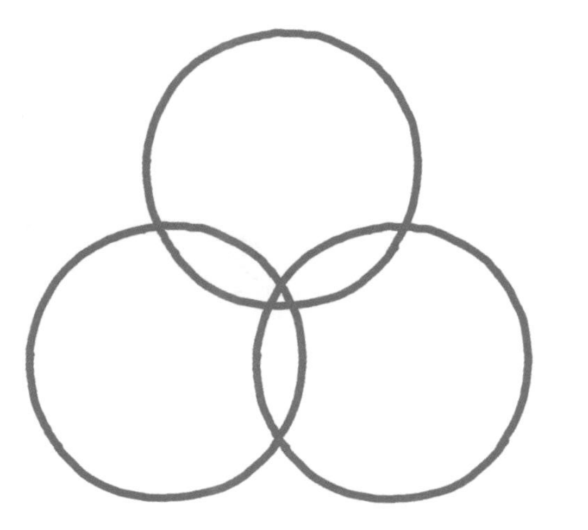

■「3 個圓圈」圖解❷

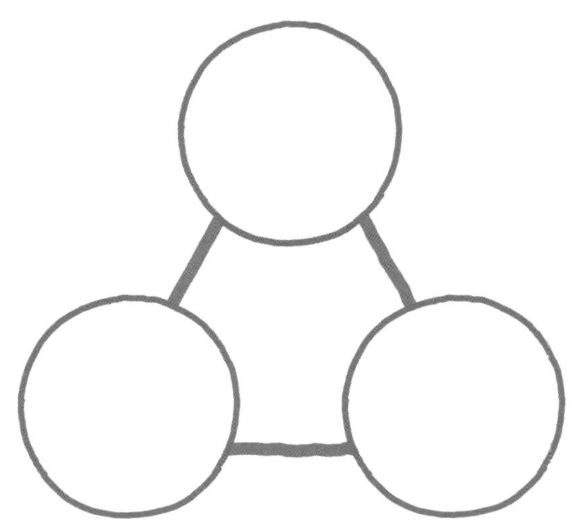

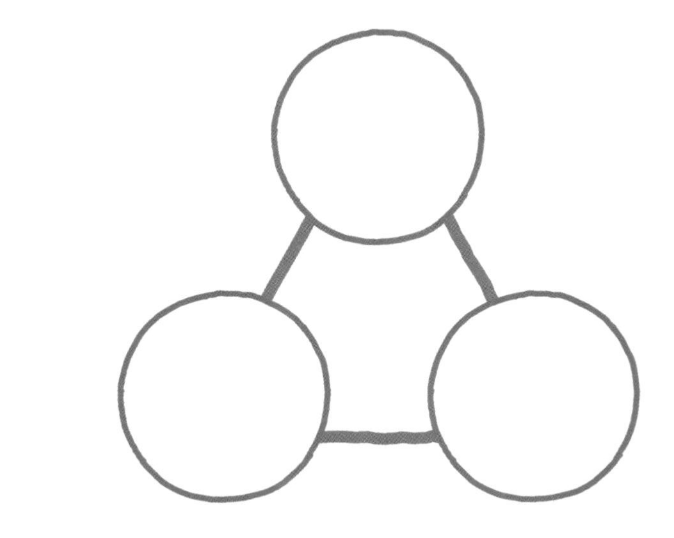

■ 四格圖解❶

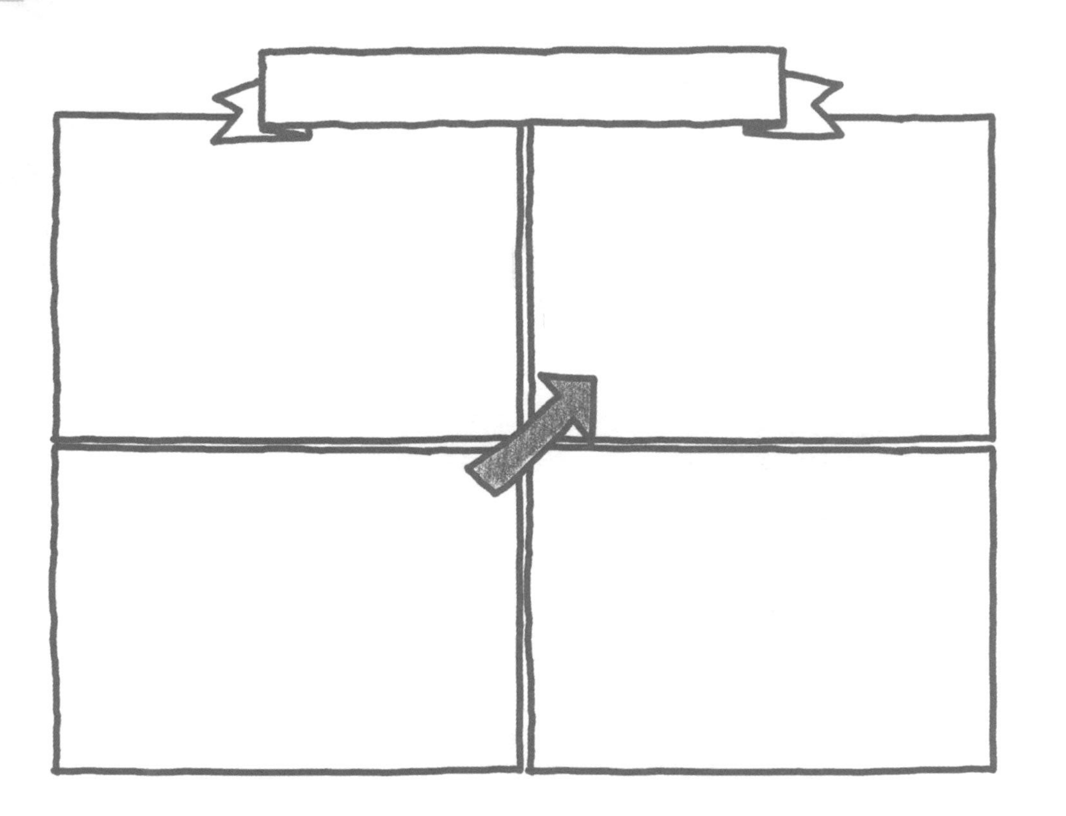

■ 四格圖解❷

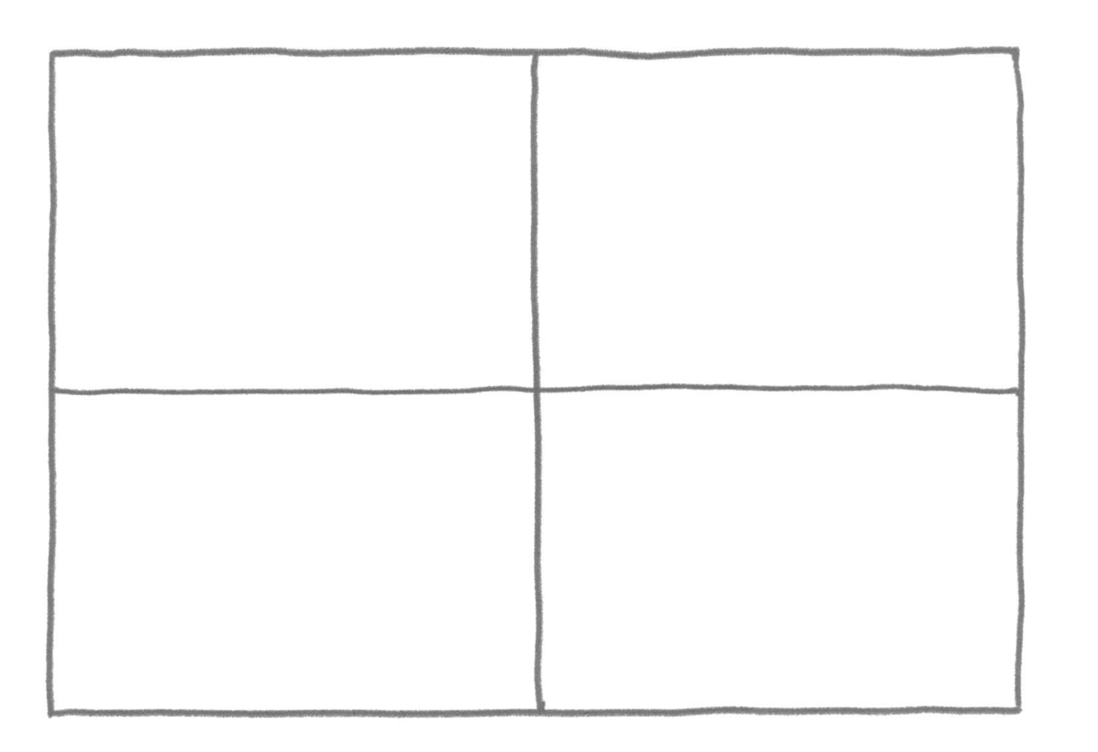

■ 階梯圖解❶

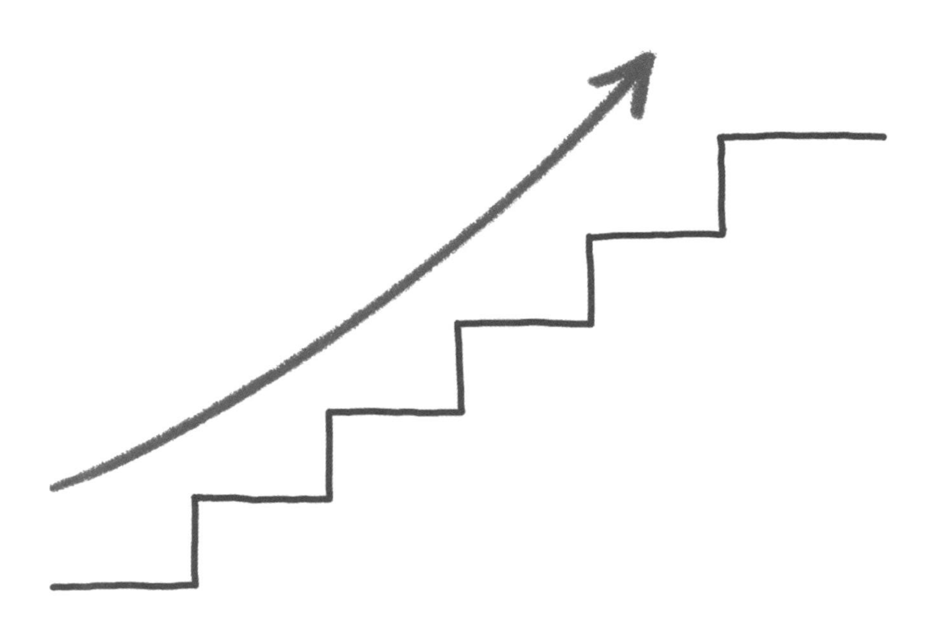

■ 階梯圖解❷

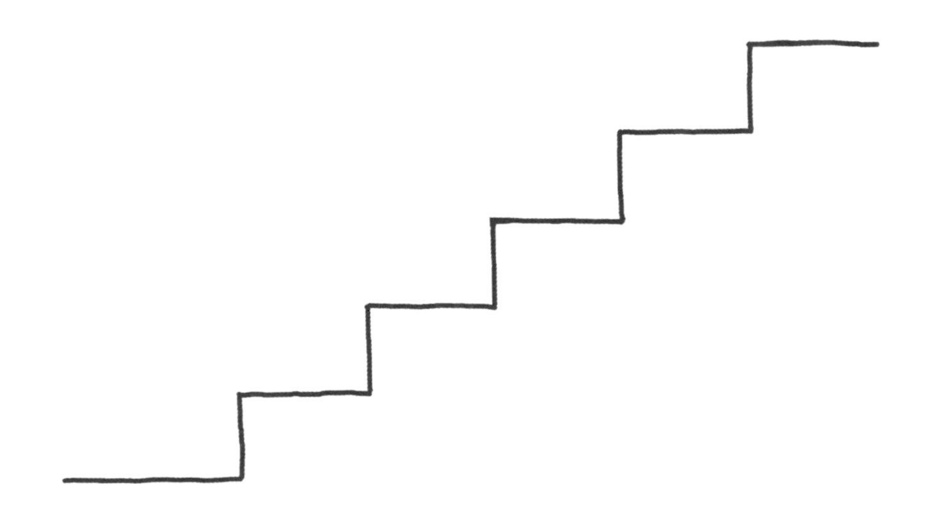

■ 金字塔圖解

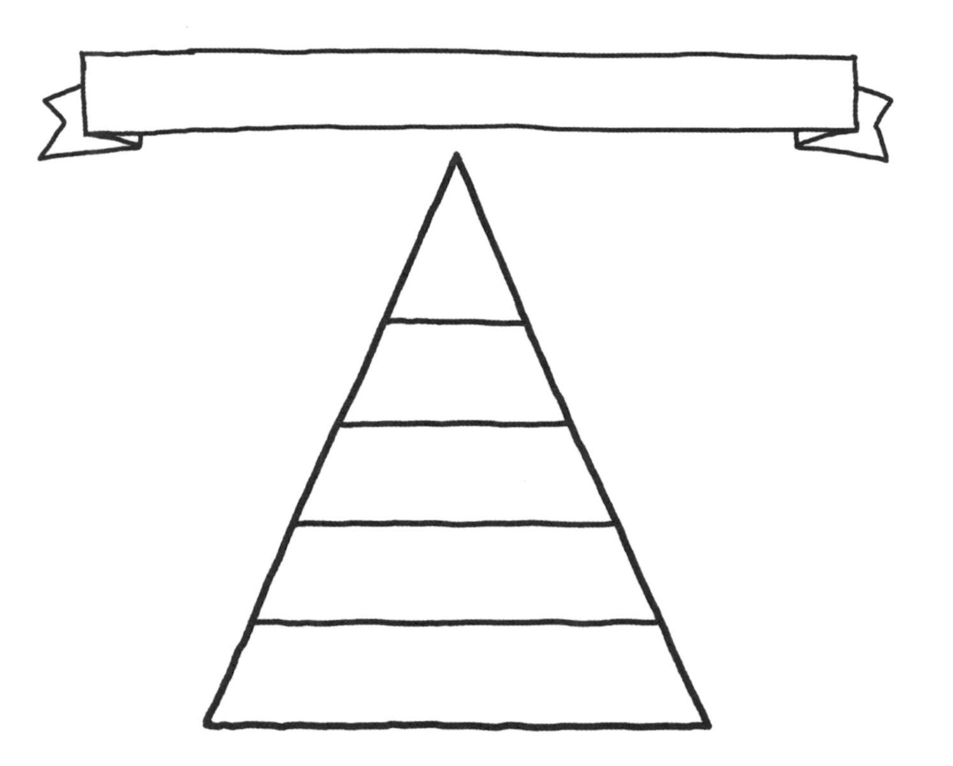

■ 漏斗圖解

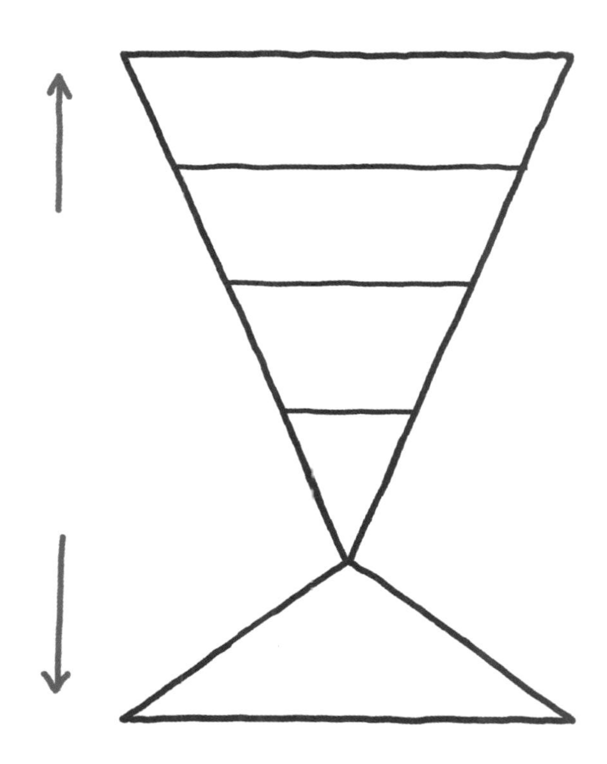

■ 三角形圖解

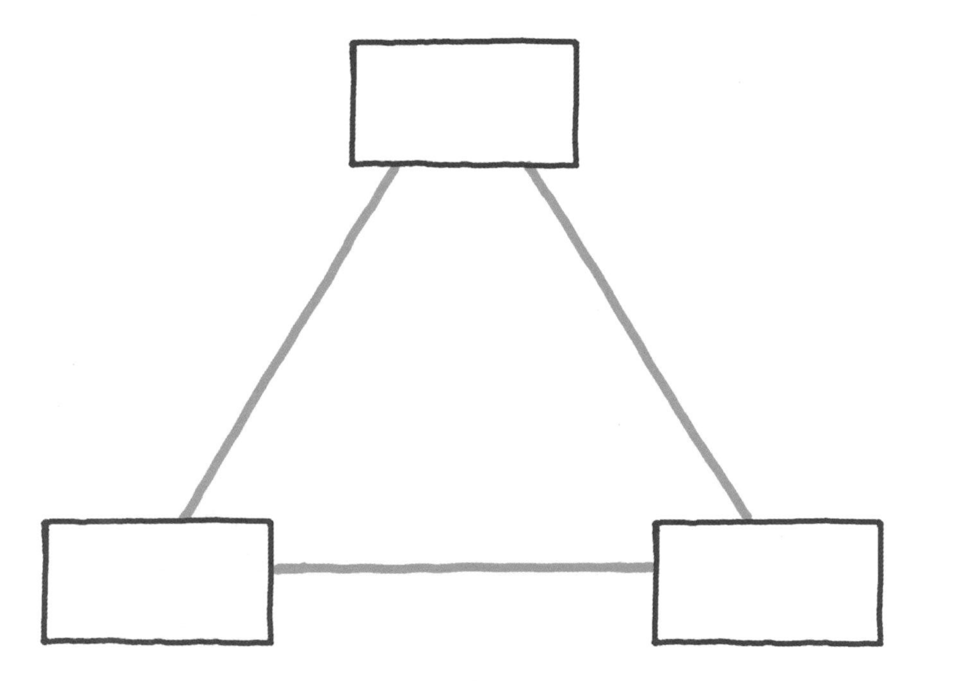